自序
廚房裡的美味時光

這世界上愛好美食，喜歡廚藝的人是很多的。

有些人和我一樣，走上了專業的廚藝之路，整天在廚房裡忙個不停。
忙著食材的搭配、刀工與火侯的掌握，
忙著為專注完成的餐點給予最美麗的裝飾，
忙著研發新菜，甚至忙著教育新進同仁與學生，
對此樂此不疲的我，忙碌卻喜歡這樣的專著與執著。

有些人雖非專業工作者，卻樂於在廚房中找新點子，沉浸在烹飪的美好中。
他們為了增進廚藝，在閒暇時忙於吸收新知識，
甚至採購不同的食材與烹調用具，
希望能在生活中有更不同的體驗，
或是帶給家人更美好的飲食享受。

可以讓愛好美食的人，有能夠增廣視野，與新嘗試的機會，
是我將這些年來的烹飪心得分享的一個原因，
研究歐洲料理多年，除了過去飯店工作經驗，也曾經去歐洲進修過，
這次我將熱情的西班牙開胃輕食做了整理，
有些沿用傳統作法，有些則因為當地食材關係改變了材料與作法，
還將同樣熱情的南洋小品一起收錄，
希望能透過這本書，帶給讀者烹調新知與樂趣，
本書中介紹的作法都很簡單，步驟也很少，但是盤飾卻很講究，
一定能夠很輕鬆的完成視覺美麗的料理，讓烹調是一種享受與樂趣。

作者—林勃攸

輕食與開胃小品

帶您透過開胃輕食Tapas，
進入西班牙熱情的烹飪世界；
熱情的豐盛物產與各式香料，
讓南洋小點充滿活力。

透過開胃輕食 Tapas，
進入西班牙熱情的烹飪世界！

開胃輕食 Tapas 的由來：佐酒之食

相傳 13 世紀，西班牙國王為了杜絕人民因為喝酒產生的各種問題，因此下令餐廳不能販售酒給空腹的客人，於是業者變通，開始推出麵包、起司或是肉類等小菜，提供想喝酒的客人點食，於是產生了開胃輕食「Tapas」。

開胃輕食的演變：正餐間的聊天小食

西班牙人享受飲食，是眾所皆知的，一天要吃上好多餐，在主餐和主餐間隔的休息時間較長，加上喜愛喝酒聊天的因素，這種開胃輕食小點，成為大眾在餐館之間休息聊天，填飽肚子的平民美食，大夥點上數盤分著享用，讓午後時光好不愜意。

物產豐盛，種類多元

西班牙面積廣大，各地物產豐盛且多元，產生了許多地方特色小點，豐盛的物產應用於飲食中，豐富了餐桌上的餐點，加上各式文化交會產生的烹調作法，讓開胃輕食 Tapas 成為西班牙最有名的特色飲食。開胃輕食 Tapas 可分為冷盤與熱食兩大類，包含了蔬果、麵包、海鮮、肉類、起司與蛋類，食材應用非常廣泛。

西班牙開胃輕食

CONTENTS

精緻的冷盤與美味的熱食，

讓西班牙開胃輕食充滿想像力…

Chapter 3　南洋小品

西班牙開胃輕食常用食材

1　2　3　4

1. 橄欖油 Olive Oil

橄欖油是西班牙烹調的主要材料。由橄欖的果實搾取為油，不經過加熱處理而成。依照製作
方式和油酸度區分等級，最佳橄欖油酸度不宜超過 1％，被稱為特級初搾橄欖油 (Extra Virgin
Olive Oil)，適用於沙拉或直接淋在麵包上食用。另外亦有純橄欖油 (Pure Olive Oil)，則用於
調製醬料或是加熱食材如炸油使用。

2. 橄欖 Oliva

一般常見的橄欖有綠色與黑色兩種，綠橄欖是未成熟時採收，果實結實，黑橄欖則是成熟時
才採收，果實較為柔軟。橄欖多經過醃製過後才入菜，多用於開胃輕食與沙拉。

3. 莫札瑞拉起司 Mozzarella Cheese

莫札瑞拉起司起源自義大利，柔順香滑的口感為大眾所喜歡，常用於披薩和各式輕食沙拉，
義大利麵和焗烤中，是非常普遍的大眾起司。

4. 羊奶乳酪 Goat's Cheese

羊奶乳酪起源已久，西班牙羊奶乳酪多產於北部如庇里牛斯山附近和加泰羅尼亞區域。

5. 藍乳酪 Blue Cheese

藍乳酪是由青黴菌發酵製作而成，表面有藍色的斑紋，濃烈的口感並非人人都敢嘗試，但是
特殊風味依舊吸引了許多老饕。除了單獨食用之外，也用於輕食沙拉和製作各式醬汁。

5　　　　　　6　　　　　　7　　　　　　8

6. 紅椒粉 Paprika
紅椒粉是香料的一種，由紅色甜椒風乾磨碎製成，廣泛應用於西班牙與匈牙利菜餚烹調中。

7. 月桂葉 Bay Leaf
味道辛辣，氣味濃烈，常用於歐洲料理，特別是地中海料理常見的調味材料。

8. 酸豆 Capers
酸豆又稱隨續子，原產於地中海沿岸，主要種植於法國與西班牙，常用於沙拉。

9. 紅酒醋 Balsamic Vinegar & 白酒醋 White Wine Vinegar
紅白酒醋由葡萄發酵作成，用於西式料理，例如可以和橄欖油調製成油醋醬汁，用於輕食和沙拉調味中。也常用於肉主菜料理的醬汁。

10. 燻鮭魚 Smoked Salmon
燻鮭魚由生鮭魚製作而成，常用於輕食沙拉中。

11. 綠捲鬚菜 Oakleaf Letture
萵苣的一種，葉子細長，用於生菜與盤飾。

9　　　　　　10　　　　　　11

南洋小品常用香料 & 調味料

1. 椰糖 Coconut Sugar
由椰子汁液蒸乾後取得，礦物質含量較一般糖類高，是很健康的甜料，價錢也相對較高，是泰式料理等東南亞料理常用的食材，可以提味增香。

2. 咖哩粉 Curry Powder
這裡用的咖哩粉，是南洋菜中常用的咖哩粉，裡面有各式香料，可以增添許多風味，吃起來略帶辛辣感。

3. 魚露 Fish Sauce
魚露是以小魚蝦為材料醃製成的調味料，呈現琥珀色，常用於閩南和東南亞料理，尤其是海鮮與輕食沙拉中，味道帶有鹹味與甘甜味，也可以用來取代醬油。

4. 甜醬油 Sweet Sauce
帶有甜味的醬油，這裡用的是東南亞料理常用的甜醬油種類。

5. 紅咖哩
帶有辣椒的咖哩，色澤紅艷，味道嗆辣濃烈。

6. 香茅 Cymbopogon
又稱檸檬草，清香解熱，用途多元，常用於東南亞料理。

7. 丁香 Clove
原產於印尼，乾燥後廣泛使用於烹飪中，是東南亞料理常用香料。也可作為中藥用，有暖胃溫脾之效。

5

6

7

8

8. 豆蔻（粉）Nutmeg Powder

原產於印尼，乾燥後氣味芳香，廣泛使用於烹飪中，有暖胃溫脾之效，一般也常見磨成粉末的荳蔻粉作為烹飪與咖啡調味料。

9. 小茴香 Cumin Seed

在中國又稱孜然，是歷史悠久的肉類調味料與餡料材料，歐洲也常用於魚類烹調，印度則用於咖哩香料，更常見於東南亞料理中。香味淳厚，性溫，有驅寒理氣之效。

10. 凱麗茴香 Caraway Seed

產於歐洲，顏色較茴香深，帶有水果清香的氣味，常和各式香料一起調製醬料用於海鮮與肉類料理。也適合用於輕食沙拉與麵包中。

11. 酸子醬 Tamarind

酸子又稱羅望子、隨續子，通常加水調勻成酸子汁使用。

12. 干蔥 Dry Onion

風味濃郁，適用於各式料理。

9

10

11

12

1

冷盤

冷盤多搭配麵包，

佐以各式蔬果、海鮮、

起司、蛋和肉類等餡料，

再加上橄欖油與各式香草，

以及漂亮的呈盤裝飾，

讓主餐前的小點時光十分開胃。

番茄續隨子開胃小點

tomatoes and caper tapas

材料：

長法國麵包 5 片、小番茄 10 個、酸豆 30 克、九層塔 5 片、

橄欖油 10 C.C.、鹽少許、白胡椒粉適量

長法國麵包切成小圓片，放入烤箱烤至上色。小番茄切片；九層塔切絲備用。

小番茄片加入酸豆和九層塔絲，加入橄欖油、鹽和白胡椒粉拌勻。鋪在長法片上即可。

Tips

....

續隨子就是酸豆，原產於地中海沿岸，主要種植於法國與西班牙，常用於沙拉。

Spanish Tapas

燉蔬菜開胃小品
vegetables stew canapés

材料：
全麥吐司 2 片、廣東 A 菜 2 片、洋蔥 80 克、青椒 30 克、
茄子 30 克、紅椒 20 克、黃椒 20 克、番茄 20 克、巴西里 3 克、
高湯適量、橄欖油 10 C.C.、鹽少許、白胡椒粉適量

洋蔥、青椒、茄子、紅椒、黃椒和番茄切小丁；巴西里切末；廣東 A 菜
撕成小片。

用橄欖油炒香蔬菜小丁。全麥吐司切成小圓片狀，放入烤箱烤至上色。

烤好的吐司上面先鋪上廣東 A 菜，再放上炒好的蔬菜小丁。最後灑上巴
西里末即可。

Spanish Tapas

華爾道夫開胃小點
Waldorf tapas

材料：
洋芋 120 克、蘋果 60 克、西芹 30 克、餅乾 6 片、紅椒 1 小塊
美乃滋 20 克、堅果 10 克、廣東 A 菜 2 片、鹽少許、白胡椒粉適量

堅果切碎；蘋果去皮切小丁；西芹削去粗纖維、切小丁。洋芋去皮、切小丁，蒸熟備用。紅椒洗淨切碎。

煮熟洋芋丁、蘋果丁、西芹丁混合，加入美乃滋、鹽和白胡椒粉拌勻。

將廣東 A 菜鋪在餅乾上，放上拌勻的美乃滋蔬果小丁，最後灑上堅果碎和紅椒碎即可。

story
華爾道夫開胃小點的由來

••

華爾道夫開胃小點由美式的華爾道夫沙拉改良而成，保留了美式華爾道夫的傳統材料蘋果和美乃滋。將調製好沙拉放在餅乾上，充滿西班牙式風情。餅乾也可以用法國麵包代替。

Spanish Tapas

大蒜冷湯佐葡萄
cold garlic soup with grapes

材料：
大蒜 3 個、麵包 125 克、白酒醋 30 C.C.、橄欖油 60 C.C.、
葡萄 100 克、冰開飲水 300 C.C.、鹽少許、白胡椒粉適量、
荷蘭芹少許

葡萄洗淨、去皮去籽備用。荷蘭芹洗淨切碎備用。將大蒜、麵包、冰
開飲水、白酒醋和橄欖油放入調理機，打勻成為冷湯。

打勻的冷湯放到碗內，加入鹽和白胡椒粉拌勻。再將調味好的冷湯倒
入湯碗，放上去皮去籽葡萄與荷蘭芹碎裝飾即可。

西班牙冷湯
gazpacho

材料：
青椒 30 克、番茄 50 克、大蒜 2 個、小黃瓜 30 克、
麵包 120 克、番茄汁 250 C.C.、紅酒醋 20 C.C.、
檸檬汁 20 C.C.、鹽少許、白胡椒粉適量

青椒、番茄、小黃瓜洗淨去籽，切成丁狀；麵包切丁。

將切丁狀材料放在果汁機裡，加入大蒜、番茄汁、紅酒醋和檸檬汁打勻。最後加入鹽和白胡椒調味即可倒出呈盤。

番茄大蒜冷湯

cold tomato and garlic soup

材料：

番茄 250 克、大蒜 3 個、麵包 100 克、橄欖油 50 C.C.、

白酒醋 20 C.C.、蛋 1 個、鹽少許、白胡椒粉適量

準 備一鍋冷水，加入雞蛋和少許鹽，等水煮滾後，轉中火煮約 10 分鐘。
取出雞蛋沖冷水，放涼後去殼，再將水煮蛋切碎備用。

番 茄、大蒜和麵包切丁，放入調理機內，再加入白酒醋和橄欖油打成泥
狀冷湯。

打 好的冷湯用鹽和白胡椒粉調味，淋上少許橄欖油，再以蛋碎裝飾即可。

Spanish Tapas

百里香涼拌中卷

marinated squid with thyme

材料：

中卷 180 克、百里香葉 3 克、香菜 3 克、干蔥 10 克、
巴西里 5 克、大蒜 5 克、洋蔥 20 克、橄欖油 30 C.C.、
檸檬汁 10 C.C.、鹽少許、白胡椒粉適量

中卷洗淨、切圈圈狀，汆燙後立即放入冰水冰鎮備用。百里香、香菜、
干蔥、巴西里、大蒜和洋蔥切碎備用。

將中卷和切碎香料混合，加入鹽、白胡椒粉、橄欖油和檸檬汁拌勻即
可。

Spanish Tapas

西班牙涼菜沙拉
gazpacho salad

材料：
大番茄 30 克、小黃瓜 30 克、洋蔥 20 克、紅椒 20 克、
玉米粒 20 克、香菜 5 克、大蒜 3 克、檸檬汁 20 C.C.、
紅酒醋 10 C.C.、紅辣椒粉 2 克、黑胡椒粉 2 克、鹽適量

大 番茄去籽、去皮、切成丁；小黃瓜、洋蔥、紅椒切丁。香菜和大蒜切末。

將 檸檬汁、紅酒醋、紅辣椒粉、黑胡椒粉和鹽混合拌勻。之後將所有材料拌勻即可。

葡萄柚高麗菜沙拉
grapefruit and cabbage

材料：

高麗菜 300 克、胡蘿蔔 50 克、洋蔥 30 克、葡萄柚肉 30 克、
糖 100 克、白醋 100 C.C.、鹽 5 克、紅椒粉少許

高麗菜、胡蘿蔔和洋蔥洗淨、切絲，之後用鹽醃過，再把水份擠出備用。

白醋和糖煮滾後放涼，將蔬菜絲放入拌勻，浸泡約 10 分鐘後擠乾水分。

最後加入葡萄柚肉拌勻，再灑上少許紅椒粉裝飾即可。

Spanish Tapas

蜜瓜火腿捲
melon with ham

材料：
哈密瓜 40 克、火腿 6 片、黑橄欖 6 個、竹籤 6 支

將哈密瓜去皮去籽，切成 6 個正方塊狀。用火腿片包上哈密瓜，再串上竹籤，最後串上黑橄欖即可。

紅酒香密瓜
melon with red wine

材料：

紅酒 180 C.C.、糖 30 克、哈密瓜 100 克、薄荷葉 5 片

哈 密瓜用挖球器，挖成球狀備用。將紅酒和糖混合煮開，放冷備用。

將 球狀哈密瓜球放入煮好的紅酒裡醃泡約 20 分鐘，最後以薄荷葉裝飾即可。

Spanish Tapas

醃野菇

marinated mushrooms

材料：
草菇 100 克、鮮香菇 100 克、洋菇 100 克、甜菜根葉少許、紅椒少許

醃汁材料：
白醋 150 C.C.、糖 60 克、檸檬汁 20 C.C.、橄欖油 10 C.C.、鹽少許、
白胡椒粉適量

甜菜根葉洗淨；紅椒切絲備用。

製作醃汁：將白醋和糖煮開，加入適量鹽和白胡椒拌勻，放涼後再加
入檸檬汁和橄欖油拌勻即可。

將草菇、鮮香菇和洋菇洗淨、切成塊狀，再汆燙至熟，最後用醃汁醃
約 20 分鐘，呈盤後放上甜菜根葉和紅椒絲裝飾即可。

Spanish Tapas

辣味洋芋
spicy potatoes

材料：
洋芋 300 克、番茄碎 150 克、朝天椒 20 克、大蒜 5 克、
洋蔥 20 克、橄欖油 10 C.C.、沙拉油 500 C.C.、鹽少許、
白胡椒適量

洋 芋去皮切塊；起一鍋，加入沙拉油，加熱到 180 ℃，放入切塊洋芋
炸成金黃色撈起備用。

番 茄切碎；朝天椒、大蒜和洋蔥切碎，用橄欖油炒香，之後加入番茄
碎炒勻成醬汁，最後加入炸好的洋芋燴熟，起鍋前加入鹽和白胡椒
粉調味即可。

蝦仁玉米番茄黃瓜盅

shrimp salad with corn tomato and cucumber

材料：
蝦仁 80 克、玉米粒 40 克、干蔥 10 克、番茄 40 克、小黃瓜 2 條、
荷蘭芹 3 克

醋汁材料：
白醋 50 C.C.、糖 30 克、鹽少許、白胡椒粉適量

製 作醋汁：將白醋和糖混合，加入適量鹽和白胡椒粉，用小火煮開放涼即可。

小 黃瓜切 6 段，每段約 5 公分長，再將中間的籽挖除，成一小盅狀。

蝦 仁汆燙至熟，切小丁；干蔥切細末；蕃茄去皮去籽、切小丁備用。

蝦 仁、干蔥、番茄和玉米粒放入醋汁裡醃約十分鐘。將醃好的材料放入小黃瓜盅裡，再以荷蘭芹裝飾即可。

Spanish Tapas

洋芋拌鱈魚
potato with cod fish

材料：
鱈魚 100 克、洋芋 120 克、紅椒 40 克、美乃滋 30 克、
綠捲鬚菜 5 克、鹽少許、白胡椒粉適量

洋 芋和紅椒切丁。鱈魚蒸熟，去皮取肉，搗碎備用。洋芋丁蒸熟放冷備用。

將 蒸熟鱈魚碎、洋芋丁和紅椒丁，加入鹽、白胡椒粉和美乃滋拌勻，放上綠捲鬚菜裝飾即可。

芥末鮮蝦盅
grass shrimps
with mustard on cucumber

材料：
小黃瓜 2 條、蘿莎生菜 2 片、鮮蝦 6 隻、綠捲鬚菜 5 克、黃
芥末 20 克

鮮蝦汆燙至熟，去頭、去殼，留尾備用。小黃瓜切 6 段，
每段約 5 公分長，再將中間的籽挖除，成一小盅狀。

將鮮蝦放入小黃瓜盅裡，再以蘿莎生菜和綠捲鬚菜裝飾，
最後擠上黃芥末即可。

玫瑰燻鮭魚
smoked salmen rose

材料：
吐司 2 片、芥末醬 15 克、美生菜 30 克、
燻鮭魚 6 片、酸豆 6 粒、綠捲鬚菜少許

白 吐司用圓模型壓成圓狀 6 片，放入烤箱烤至上色備用。將燻鮭魚捲成玫瑰花狀。

在 烤過的白吐司上，放上美生菜，再將玫瑰狀燻鮭魚放在美生菜上，擠上少許芥末醬，放上酸豆與綠捲鬚菜裝飾即可。

Tips
....
沒有圓模型可以用碗代替。

醃浸鳳眼貝

marinated mussels

材料：
淡菜 6 個、橄欖油 30 C.C.、檸檬汁 10 C.C.、
辣椒 10 克、什錦香料 3 克、芥末醬 10 克、
酸豆 10 克、鹽適量

淡 菜汆燙至熟，放入冰水冰鎮至冷備用。辣椒和酸豆切碎。

將 橄欖油、檸檬汁、什錦香料、芥末醬、酸豆碎、辣椒碎和鹽拌勻，再
加入淡菜拌勻即可。

鮪魚鑲蛋

egg stuffed with tuna

材料：

蛋 3 個、油漬鮪魚 100 克、美乃滋 20 克、法國麵包 6 片、
紅椒 20 克、鹽少許、白胡椒粉適量、生菜 6 小片

準 備一鍋冷水，加入雞蛋和鹽，等水煮滾後，轉中火煮約 10 分鐘。取
出雞蛋沖冷水，放涼後去殼，再切半，之後取出蛋黃，留下蛋白備用。

紅 椒洗淨切小丁備用。油漬鮪魚將油瀝出，魚肉搗碎，加入蛋黃、紅椒
丁和美乃滋拌勻，加入鹽和白胡椒粉拌勻調味。

拌 好的內餡鑲在蛋白中，再將鑲好的蛋和生菜放在法國麵包上即可。

咖哩蛋開胃小點

curried egg canapés

材料：
雞蛋 3 個、巴西里 3 克、美乃滋 10 克、黃芥末 5 克、
咖哩粉 3 克、花生 2 克、鹽少許、白胡椒粉適量、生菜少許

花 生切碎；巴西里切碎備用。

起 一鍋加入適量水，放入雞蛋煮約 10 分鐘成水煮蛋。水煮蛋去殼，切成兩半，先挖出蛋黃，留下蛋白備用。

蛋 黃攪成泥狀，加入鹽、胡椒、美乃滋、黃芥末和咖哩粉拌勻成蛋黃餡。

將 生菜少許鋪在蛋白內，再鑲入蛋黃餡，最後灑上花生碎和巴西里裝飾即可。

塔斯馬尼亞香料蛋
tasmanian herb eggs

材料：
美乃滋 20 克、雞蛋 4 個、黃芥末 5 克、檸檬汁 5 C.C.、
什錦香料 3 克、鹽 5 克（煮蛋用）、鹽少許、生菜少許

準 備一鍋冷水，加入雞蛋和鹽，等水煮滾後，轉中火煮約 10 分鐘。取出雞蛋沖冷水，放涼後去殼，再切半，之後取出蛋黃，留下蛋白備用。

將 煮熟蛋黃搗成泥，再加入美奶滋、黃芥末、檸檬汁和少許鹽拌勻。

拌 好的蛋黃鑲入蛋白裡裝盤，再灑上什錦香料，以生菜裝飾即可。

story
塔斯馬尼亞香料蛋的由來
•••

塔斯馬尼亞 (Tasmania) 位於澳洲東南方，是一座三角形的島嶼，由歐洲探險家在 17 世紀發現並命名。島上盛產各式香料，這道充滿香料的雞蛋小點，可說是融合澳洲與西班牙式的美味輕食。

Spanish Tapas

乳酪核桃小品
cheese and walnuts

材料：
法國麵包 6 片、核桃 20 克、藍乳酪 120 克、
鮮奶油 20 C.C.、荷蘭芹 3 克

藍乳酪搗成泥，加入鮮奶油混合。核桃切成碎；法國麵包烤上色備用。
將藍乳酪泥塗在法國麵包上，灑上核桃碎和荷蘭芹裝飾即可。

羊奶乳酪沙拉
goat's cheese salad

材料：

羊奶乳酪（goat's cheese）60 克、法國麵包 6 片、黃椒 20 克、紅洋蔥 20 克、白酒醋 20 C.C.、黃芥末醬 5 克、橄欖油 60 C.C.、鹽少許、白胡椒粉適量

法國麵包先放入烤箱烤至上色；黃椒和紅洋蔥切丁備用。將白酒醋、黃芥末醬、鹽、白胡椒粉和橄欖油混合拌勻成醬汁。

將黃椒丁、紅洋蔥丁和羊奶乳酪加入醬汁中拌勻，塗在法國麵包上即可。

葡萄雞肉沙拉
chicken grape salad

材料：
鮮葡萄 50 克、雞胸肉 160 克、西芹 60 克、大蒜 5 克、
青蔥 20 克、黑橄欖 30 公克、匈牙利紅椒粉適量、荷蘭芹 3 克、
美乃滋 60 克、鮮奶 30 C.C.、辣椒水適量、鹽少許、白胡椒適量、
美生菜少許

鮮 葡萄去皮；雞胸肉汆燙至熟，去皮切丁狀備用。西芹洗淨切丁；大蒜、
荷蘭芹和青蔥切末；黑橄欖切成片。

製 作醬汁：將美乃滋、鮮奶、匈牙利紅椒粉、鹽和白胡椒粉拌勻。再將
醬汁加入雞胸肉、西芹丁、大蒜末和辣椒水拌勻。

取 一盤，鋪上美生菜少許，放上雞胸肉等拌勻材料，之後放上鮮葡萄、
黑橄欖片和青蔥末即可。

Spanish Tapas

牛肉捲番茄莎莎醬
beef roll with tomato salsa

材料：
牛肉片 180 克

番茄莎莎醬材料：
牛番茄 50 克、洋蔥 20 克、紅辣椒 5 克、大蒜 5 克、香菜 3 克、
檸檬汁 5 C.C.、檸檬皮 3 克、橄欖油 10 C.C.、鹽少許、
白胡椒粉適量

製作番茄莎莎醬：牛番茄汆燙，去皮去籽切小丁；洋蔥、紅辣椒、大蒜、
香菜切碎備用。再將切好食材加入檸檬皮、橄欖油、檸檬汁、鹽和白
胡椒粉拌勻即可。

牛肉片雙面煎至上色，再將煎好的牛肉放上沙沙醬，捲起來即可。

2
熱食

西班牙開胃輕食 Tapas 中，

有多種油炸類熱食，

將各式海鮮與肉類的美味包裹起來，

蔬食類則多以清蒸與烘烤為主。

香烤時蔬
grilled vegetables

材料：
洋蔥 80 克、茄子 80 克、番茄 60 克、青椒 60 克、
紅椒 60 克、大蒜 5 克、百里香 3 克、橄欖油 10 C.C.、
鹽少許、白胡椒粉適量

洋蔥、茄子、番茄、紅椒和青椒分別切片；大蒜切末。將切好蔬菜加入大蒜末、鹽、白胡椒粉、百里香及橄欖油混合拌勻醃約 15 分備用。

烤箱預熱 5 分鐘。起一鍋，將醃好的蔬菜煎至表面上色，再放入烤箱以 200 ℃烤 5 分鐘即可。

Tips

蔬菜經過烘烤，會釋放出甜味；同時也可以將烤過的蔬菜鋪在麵包上，變化出不同的吃法。

洋菇薄煎餅 (8個)

pancakes stuffed with mushroom

材料：
洋菇 160 克、洋蔥 30 克、大蒜 10 克、橄欖油 10 C.C.、
鹽少許、白胡椒粉適量

薄煎餅材料：
低筋麵粉 125 克、雞蛋 2 個、鮮奶 250 C.C.、奶油 15 克

白醬材料：
奶油 30 克、中筋麵粉 30 克、鮮奶 250 C.C.、鹽少許、
白胡椒粉適量

煮 白醬：用小鍋以小火將奶油加熱溶化，再加入麵粉拌炒，之後慢慢倒入鮮奶拌勻，最後加入鹽和白胡椒粉調味。

製 作薄煎餅：將低筋麵粉、雞蛋、鮮奶和奶油混合拌勻成薄餅麵糊。起一平底鍋，舀一大杓麵糊入鍋中，以小火煎成片狀備用。

洋 菇洗淨、切片；洋蔥和大蒜切碎。用橄欖油將洋菇片、洋蔥碎和大蒜碎炒香，加入鹽和白胡椒粉調味。

將 炒好的洋菇加入白醬裡混合拌勻。最後將洋菇白醬包入煎好的薄煎餅裡，或直接淋在煎餅上食用。

番茄麵疙瘩
gnocchi with tomato sauce

材料：
牛奶 125 C.C.、奶油 35 克、豆蔻粉 2 克、鹽 2 克、白胡椒粉適量
高筋麵粉 80 克、帕梅善起司 10 克、番茄碎 100 克、九層塔葉 3 片

用小鍋將牛奶、奶油、鹽和豆蔻粉煮滾，加入高筋麵粉拌勻成麵糰。將麵糰再捏成長 3 公分、寬 2 公分的條狀麵疙瘩。煮一鍋水，將麵疙瘩放入煮熟。

再起一鍋，將番茄碎煮滾，再放入燙熟的麵疙瘩拌勻，加鹽和白胡椒粉調味，最後加入九層塔葉，撒上帕梅善起司粉即可。

檸香蝴蝶麵

farfalle with bacon and lemon

材料：

培根 20 克、洋蔥 30 克、白酒 20 C.C.、鮮奶油 100 C.C.、檸檬皮 2 克、
乳酪粉 50 克、蝴蝶麵 180 克、鹽少許、白胡椒適量、橄欖油 20 C.C.

煮 滾一鍋水，將蝴蝶麵放入煮約 12 分鐘至熟。

培 根和洋蔥切碎，放入平底鍋中，加入橄欖油炒香。加入白酒、鮮奶油，煮滾後，再放入煮熟蝴蝶麵，加入鹽和白胡椒粉調味。

最 後加入乳酪粉和檸檬皮炒勻即可。

番茄乳酪筆尖麵

penne with tomato and mozzarella cheese

材料：

大蒜 5 克、辣椒 5 克、番茄 200 克、紅椒 20 克、

筆尖麵 160 克、莫札瑞拉起司（mozzarella cheese）30 克、

橄欖油 20 C.C.、九層塔葉 3 片、鹽少許、白胡椒粉適量

煮 滾一鍋水，將筆尖麵放入煮約 12 分鐘至熟。大蒜和辣椒切片；紅椒切丁；番茄切碎備用。

起 一鍋，用橄欖油炒香大蒜片和辣椒片，再加入番茄碎拌炒成醬汁。加入煮熟的筆尖麵拌勻，再加入紅椒丁、鹽和白胡椒粉調味。最後灑上九層塔葉和莫札瑞拉起司即可。

香料炒洋芋
sautéed potatoes with rosemary

材料：
洋芋 160 克、大蒜 20 克、迷迭香 5 克、橄欖油 20 C.C.、
鹽少許、白胡椒粉適量

洋 芋去皮、切塊狀；大蒜切末備用。起一鍋，用橄欖油炒香大蒜末，
加入洋芋丁拌炒均勻，之後放入迷迭香。

烤 箱預熱 5 分鐘，將洋芋放入烤箱以 180℃烤約 20 分鐘至熟且上色，
灑上鹽和白胡椒粉調味即可。

Spanish Tapas

杏仁鮮魚
fish in almond

材料：

鮮魚片 160 克、中筋麵粉 20 克、檸檬汁 10 C.C.、丁香 2 支、
杏仁片 20 克、乳酪絲 30 克、鹽少許、白胡椒粉適量

鮮 魚片用鹽、白胡椒粉、丁香和檸檬汁醃過備用。醃好的魚片沾上麵粉，用平底鍋雙面煎上色取出備用。

烤 箱預熱 5 分鐘。將乳酪絲放在煎好魚片上，放入烤箱以 180 ℃烤約15 分鐘至熟，出爐後放上杏仁片即可。

Spanish Tapas

鯛魚烤番茄

baked sea bream with tomato

材料：

鯛魚 160 克、荷蘭芹 5 克、小番茄 5 個、大蒜 10 克、
黃芥末 20 克、麵包粉 10 克、鹽少許、白胡椒粉適量

鯛魚切約 5 片。大蒜和荷蘭芹切碎；小蕃茄切片備用。烤箱預熱 5 分鐘。

魚片加入鹽和白胡椒粉，塗上黃芥末醬，撒上大蒜碎，排上番茄片，再撒上麵包粉，放入烤箱以 180℃烤約 15 分鐘，出爐後灑上荷蘭芹碎即可。

烤芝麻鮭魚
baked sesame salmen

材料：

鮭魚 160 克、白芝麻 20 克、蛋液 1 個、中筋麵粉 20 克
鹽少許、白胡椒粉適量、橄欖油 30 C.C.

鮭 魚切成 6 片，撒上鹽和白胡椒粉，醃約 5 分鐘。

將 醃好的鮭魚依序沾上麵粉、蛋液和白芝麻，再以橄欖油煎熟即可。

辛香鮮魚甜椒開胃小點
fish with herbs and bell pepper

材料：

鮮魚 160 克、紅椒 50 克、大蒜 5 克、
香菜 5 克、橄欖油 10 C.C.、鹽少許、白胡椒粉適量

大蒜切末；紅椒切小丁；香菜切碎備用。鮮魚切片，灑上鹽和白胡椒粉，蒸熟。

起一鍋，用橄欖油炒香大蒜末，再放入紅椒丁拌炒，加入鹽和白胡椒粉調味。

將炒好的紅椒丁鋪在蒸過的魚片上面，灑上香菜碎裝飾即可。

Spanish Tapas

香燉墨魚
squid stew

材料：
墨魚 120 克、大蒜 15 克、白酒 20 C.C.、檸檬汁 10 C.C.、
荷蘭芹 3 克、番茄醬汁 200 克、橄欖油 20 C.C、
鹽少許、白胡椒適量

墨魚洗淨，切成圈圈狀備用。荷蘭芹切碎。

大蒜切片，用橄欖油炒香，再放入墨魚圈、白酒和番茄醬汁。煮滾後
加入鹽和白胡椒粉調味，起鍋前加入檸檬汁和荷蘭芹碎即可。

Spanish Tapas

酥炸鮮魚佐柳橙塔塔醬

deep fried fish with orange tar tar

材料：
鮮魚片 180 克、麵粉 30 克、蛋液 1 個、麵包粉 60 克、
鹽少許、白胡椒適量、沙拉油 250 C.C.

塔塔醬材料：
酸黃瓜 20 克、美乃滋 100 克、柳橙汁 20 C.C.、
辣椒粉 3 克、辣椒水 5 C.C.

調 製塔塔醬：酸黃瓜切碎，加入美乃滋、柳橙汁、辣椒粉和辣椒水拌勻即可。

鮮 魚切成 6 片，撒上鹽和白胡椒粉略醃一下，再依序沾上麵粉、蛋液、麵包粉備用。

起 一鍋，用沙拉油將鮮魚片以中火炸約 5 分鐘至表面呈現金黃色熟透即可。食用時佐塔塔醬即可。

Spanish Tapas

鑲淡菜
stuffed mussels

材料：
淡菜 6 個、白醬 60 克、洋蔥 30 克、麵包粉 20 克、荷蘭芹 3 克

白醬材料：
奶油 5 克、中筋麵粉 5 克、鮮奶 80 C.C.、鹽少許、白胡椒粉少許

製作白醬：起一鍋，放入奶油加熱，再放入麵粉炒香，最後放入鮮奶拌匀，加入鹽和白胡椒粉調味，放涼即可。

淡菜洗淨、汆燙至熟備用。洋蔥切碎，鋪在燙熟淡菜上。

烤箱預熱 5 分鐘。將白醬淋在淡菜上，撒上麵包粉，放入烤箱以 200℃烤 15 分鐘即可，最後以荷蘭芹裝飾即可。

雞肉火腿丸（5 個）

chicken and ham croquettes

材料：
白醬 60 克、雞胸肉 150 克、火腿 30 克、麵粉 30 克、蛋液 2 個、
麵包粉 120 克、炸油適量

白醬材料：
奶油 5 克、中筋麵粉 5 克、鮮奶 80C.C.、鹽少許、白胡椒粉少許

煮 白醬：起一鍋，放入奶油加熱，再放入麵粉炒香，最後放入鮮奶拌勻，加入鹽和白胡椒粉調味，放涼即可。

雞 胸肉汆燙至熟，放涼後切碎；火腿切碎備用。將白醬加入雞胸肉碎和火腿碎拌勻，用手捏成丸狀，放入冰箱約 10 分鐘冷藏定型。

將 冰好的雞肉火腿丸依序沾上麵粉、蛋液和麵包粉，入油鍋以中火油炸約 10 分鐘至表面呈金黃色熟透即可。

香烤芥末香料雞

*roasted chicken
with mustard and herbs*

材料：
去骨雞腿 1 支（約 200 克）、黃芥末 20 克、什錦香料 3 克、
酸黃瓜片 30 克、小番茄（切半）6 個、鹽少許、白胡椒粉適量

製 作酸黃瓜泥：將酸黃瓜用刀剁成泥。（或用食物調理機打成泥）

去 骨雞腿表皮劃幾刀，灑上鹽、白胡椒粉、黃芥末和什錦香料醃約 10 分鐘。烤箱預熱 5 分鐘。

醃 好雞腿放入烤箱，以 200 ℃烤約 20 分鐘。烤好的雞腿切塊，再放上酸黃瓜片和小番茄裝飾即可。

西班牙甜椒餅

tortilla with red bell pepper

材料：
洋芋 80 克、雞蛋 4 個、大蒜 10 克、紅椒丁 30 克、
鮮奶油 15 C.C.、橄欖油 20 C.C.、鹽少許、白胡椒粉適量

洋 芋煮熟、搗碎；大蒜切末；紅椒切丁；雞蛋打成蛋液備用。

大 蒜末和紅椒丁炒香。將碎洋芋、大蒜末、紅椒丁混合，加入蛋液、鹽、白胡椒粉和鮮奶油拌勻，再捏成餅狀。

烤 箱預熱 5 分鐘。起一鍋，用橄欖油煎至雙面上色，之後放入烤箱以 200℃烘烤約 5 分鐘至熟即可。

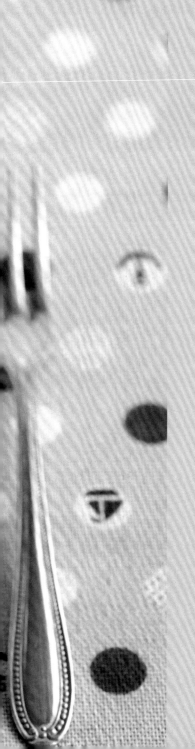

3

南洋小品

熱帶的豐盛物產，

與各式香料的應用，

讓南洋式小點充滿活力，

甜美的海鮮與各式鮮菇讓人回味不已。

Spanish Tapas

醃漬南瓜小番茄
marinated tomaoes and pumpkin

材料：

南瓜 120 克、小番茄 60 克、白醋 150 C.C.、水 75 C.C.、
蜂蜜 30 C.C.、黑胡椒粒 3 克、糖 80 克、鹽 3 克

南瓜去籽、去皮、切成丁狀。小番茄氽燙去皮。

起一小鍋，放入白醋、水、糖、鹽和黑胡椒粒煮滾，再加入蜂蜜成醃汁。
將南瓜丁和小番茄放入醃汁中醃泡約 30 分鐘即可。

Spanish Tapas

金針菇沙拉

enoki mushroom salad

材料：
金針菇 120 克、干蔥 5 克、嫩薑 5 克、紅辣椒 5 克、大蒜 3 克、
青蔥 10 克、香菜 5 克、檸檬汁 10 C.C.、鹽少許、糖適量

干蔥、嫩薑、紅辣椒、大蒜、青蔥和香菜切末。金針菇開二，汆燙放涼備用。

放涼的金針菇，加入切末辛香料，再加入檸檬汁、鹽和糖調味，拌勻即可。

芋泥山藥盅
taro and yam puree

材料：

芋頭 100 克、紫色山藥 100 克、水果優格 20 克、糖 5 克、生菜少許

把 芋頭和紫色山藥洗淨、去皮、切塊，蒸熟後搗成泥，趁熱時加入糖拌勻，放涼備用。

將 生菜舖在小碟中，放入拌勻的芋泥，淋上優格即可。

Spanish Tapas

涼拌雜菇

combination mushrooms

材料：

香菇 30 克、洋菇 30 克、杏鮑菇 60 克、香油 20 C.C.、

辣椒粉 3 克、薑 5 克、大蒜 5 克、青蔥 10 克

鹽少許、白胡椒粉適量

香菇、洋菇和杏鮑菇洗淨、切大丁，再汆燙至熟備用。薑、大蒜和青蔥切末。

鮮菇和蔥薑蒜末混合，加入其餘調味料拌勻即可。

蒜香茄子

steamed eggplant with roasted garlic

材料：

茄子 1 條、大蒜 10 克、青蔥 20 克、醬油 30 C.C.、糖 5 克、

水 10 C.C.、麻油 5 克、白胡椒粉適量

茄子洗淨、去皮、切片；大蒜和青蔥切末備用。將醬油、糖、水、麻油和白胡椒粉混合拌勻，再加入大蒜末成醬汁。

將茄子片放入盤裡，淋上醬汁，放入蒸籠內蒸約 15 分鐘至熟。最後灑上蔥末即可。

香炸豆腐（18 個）

deep fried bean curd

材料：

板豆腐 180 克、七味粉 20 克、麵粉 100 克、糯米粉 50 克、
黑芝麻 10 克、紅椒粉 20 克、鹽 5 公克、白胡椒粉 10 克、
沙拉油 300 C.C.

將 板豆腐切成長 2 cm × 寬 2 cm 大小方塊。將七味粉、麵粉、糯米粉、黑芝麻、紅椒粉、鹽和白胡椒粉混合拌勻。

切 好的豆腐沾上拌好的粉。起一鍋，加入沙拉油加熱，放入豆腐以中火炸約 5 分鐘至炸熟及上色即可。

照燒杏鮑菇

teriyaki king oyster mushroom

材料：

杏鮑菇 200 克、醬油 100 C.C.、糖 20 克、味醂 30 C.C.、白芝麻 20 克

杏 鮑菇切成 1 公分厚片備用。起一小鍋，將醬油、糖、味醂煮約 5 分鐘即成塗醬。

切 好的杏鮑菇放在烤盤上，均勻塗上醬汁，放入烤箱烤至上色，醬汁約連續塗抹 3-4 次。

烤 好的杏鮑菇撒上白芝麻即可。

Spanish Tapas

香料中卷
spicy squid

材料：

中卷 180 克、大蒜 10 克、辣椒 5 克、嫩薑 5 克、香茅 15 克、
青蔥 20 克、薄荷葉 5 克、檸檬汁 20 C.C.、魚露 30 C.C.、

中 卷洗淨、切成圈圈狀，之後汆燙至熟，撈起泡冰水備用。將大蒜、辣
椒、嫩薑、香茅、青蔥和薄荷葉切碎備用。

準 備一個大碗，放入切碎辛香料，再放入燙熟的中卷圈混合拌勻。

最 後加入魚露和檸檬汁調味拌勻即可。

Spanish Tapas

涼拌蝦仁葡萄柚
shrimp with grapefruit

材料：
蝦仁 120 克、葡萄柚肉 60 克、香菜 15 克、橄欖油 30 C.C.、
檸檬汁 10 C.C.、鹽少許、白胡椒粉適量、辣椒絲少許

蝦 仁洗淨、汆燙放涼；香菜切末備用。

汆 燙過的蝦仁，加入葡萄柚肉、鹽、白胡椒粉、檸檬汁和橄欖油混合拌匀。

最 後撒上香菜末和辣椒絲即可。

魚餅
fish cake

材料：

鮮魚 160 克、紅咖哩 20 克、雞蛋 1/2 個、魚露 20 C.C.、
四季豆 30 克、太白粉 10 克、橄欖油 30 C.C.

鮮 魚洗淨，切成泥狀；四季豆洗淨，切除頭尾後切成薄圈狀。把鮮魚泥
和四季豆圈混合，加入紅咖哩、雞蛋、魚露和太白粉拌勻，做成圓餅狀。

起 一平底鍋，加熱橄欖油，之後放入魚餅，煎至雙面上色至熟即可。

tips
....
適合用白肉魚如鯛魚和鱸魚等。

醃漬蛤蜊

marinated clams with basil

材料：

蛤蜊肉 180 克、大蒜 5 克、紅辣椒 5 克、九層塔 3 克、

檸檬汁 20 C.C.、橄欖油 60 C.C.、鹽少許、白胡椒粉適量

蛤 蜊肉汆燙放涼備用。大蒜、紅辣椒、九層塔分別切末。

將 鹽、白胡椒粉、檸檬汁和橄欖油混合拌勻成醬汁。

汆 燙放涼的蛤蜊肉拌入醬汁，再加入香料末拌勻即可。

鮮蝦吐司
shrimp toast

材料：

蝦仁 100 克、蛋白 1/2 個、大蒜 5 克、洋蔥 30 克、
白芝麻 10 克、白吐司 2 片、鹽少許、白胡椒粉適量、
太白粉 5 克、沙拉油 250 C.C.

蝦仁洗淨、搗成泥；大蒜和洋蔥切末備用。

蝦仁泥，加入大蒜末和洋蔥末，再加入蛋白、鹽、白胡椒粉和太白粉拌勻，用手甩打至黏稠狀。之後將蝦仁泥均勻塗在吐司上，沾上白芝麻。

起油鍋，放入沙拉油加熱，再放入吐司，以中火炸約 5 分鐘至熟及上色，之後轉大火將油逼出後起鍋切片即可。

香料鮮蝦串

shimp kebabs with ginger and coriander

材料：

蝦仁 10 隻、香菜 10 克、嫩薑 5 克、青辣椒 10 克、
凱麗茴香粉 3 克、檸檬汁 20 C.C.、鹽少許、白胡椒適量、
長竹籤 2 支

把 香菜、嫩薑、青辣椒切碎備用。再加入檸檬汁、凱麗茴香粉、鹽和白胡椒粉拌勻成醃料。

將 蝦仁放入醃料中醃約 10 分鐘，用竹籤串起，放入烤箱以 180℃烤約 10 分鐘即可。

Spanish Tapas

蔗蝦

shrimp paste on sugar cane

材料：

蝦仁 100 克、魚漿 60 克、豬肥油 20 克、太白粉 15 克、
甘蔗條（長 12 cm × 寬 1 cm）、鹽少許、白胡椒粉適量

蝦 仁洗淨，搗成泥；豬肥油切成小丁備用。

魚 漿、蝦泥、豬肥油丁、太白粉、鹽和白胡椒粉混合拌勻成蝦漿。

將 蝦漿均勻塗抹在甘蔗條上，放入烤箱以 180 ℃烤約 12 分鐘即可。

story
越南蔗蝦的由來

蔗蝦是傳統的越南料理，將去殼的蝦肉剁碎，裹在甘蔗條上油炸，加入豬油增加蝦肉吃起來的溫潤口感，吸收了甘蔗的清甜，讓這道油炸小品吃來不膩且充滿果香。

中卷釀燒雞

stuffed chicken with squid paste

材料：
雞腿（去骨去皮）120 克、中卷肉 2 條、青蔥 30 克、
香菜 10 克、干蔥 5 克、太白粉 20 克、魚露 20 克、
糖 5 克、米酒 15 C.C.、醬油 15 C.C.

雞腿肉切成細丁；香菜和干蔥切末；蔥切蔥花。將雞腿丁加入香菜末、干蔥末和蔥花拌勻。

拌好雞腿加入米酒、醬油、魚露、糖和太白粉拌勻後，釀入中卷內。

烤箱預熱 5 分鐘。將中卷放入烤箱以 180℃烤約 20 分鐘至熟即可。

Spanish Tapas

軟煎芝麻魚
fried fish fillet with sesame

材料：
鯛魚片 160 克、蛋液 1 個、白芝麻 20 克、
中筋麵粉 20 克、鹽少許、白胡椒粉適量、
橄欖油 30 C.C.

鯛 魚片撒上鹽和白胡椒粉，再依序沾上
麵粉、蛋液、白芝麻備用。

起 一平底鍋，加入橄欖油，加熱後放入
鯛魚片，以慢火慢慢煎至熟和上色即
可。

Spanish Tapas

味噌鮮魚
fish with miso

材料：
米酒 20 C.C.、味醂 10 C.C.、味噌 60 克、
糖 10 克、鮮魚 180 克、白蘿蔔 10 克

鮮魚切成片；白蘿蔔磨成泥。將米酒、味醂、
味噌、糖和白蘿蔔泥拌勻成醃料。將鮮魚片
放入醃料醃約 20 分鐘。

將烤箱預熱 5 分鐘。將魚片放入烤箱以 180℃
烤約 12 分鐘至熟與上色即可。

Spanish Tapas

牛肉蛋捲
beef omelette

材料：
牛絞肉 50 克、俄立岡葉 2 克、青蔥 5 克、鹽少許、
白胡椒粉適量、雞蛋 2 個、橄欖油 30 C.C.

起 一鍋，用 10 C.C. 橄欖油炒香牛絞肉，起鍋後放涼備用。青蔥切蔥花。

雞 蛋打成蛋液，加入炒香放冷的牛絞肉、蔥花、俄立岡葉、鹽和白胡椒粉拌勻。

起 一平底鍋，加熱橄欖油 20 C.C.，再將絞肉蛋液放入拌炒，捲成蛋捲狀即可。

芝麻雞肉球（3 個）

sesame crusted chicken balls

材料：

（去皮）雞胸肉 200 克、紅辣椒 10 克、青蔥 10 克、

香油 10 C.C.、嫩薑 5 克、黑白芝麻 20 克、

蛋白 1 個、太白粉 20 克、沙拉油 250 C.C.、

鹽少許、白胡椒粉適量

將 紅辣椒、青蔥、嫩薑切末備用。雞胸肉洗淨切碎，和香料末混合拌勻。

拌 勻雞肉再加入蛋白、太白粉、香油、鹽和白胡椒粉拌勻，用手甩打一下再捏成球狀。再將捏好的球狀雞胸肉沾上黑白芝麻。

起 一鍋，加熱沙拉油，再放入芝麻雞肉球以中火油炸約 8 分鐘至熟。

香檸烤雞排

grilled chicken with lemon

材料：

去骨雞腿 250 克、干蔥 5 克、大蒜 5 克、洋蔥 15 克、
檸檬汁 10 C.C.、醬油 20 C.C.、米酒 10 C.C.、糖 3 克、
白胡椒粉適量 .

干蔥、大蒜、洋蔥切末備用。將檸檬汁、醬油、米酒、糖和白胡椒粉拌勻。

將切末的材料和混合的調味料拌勻成醃料，將去骨雞腿放入醃 20 分鐘，
烤箱預熱 5 分鐘。將雞腿放入烤箱以 180℃烤約 20 分鐘至熟即可。

豬小排橙汁燒

barbecued pork in orange juice

材料：

豬小排 160 克

醃醬材料：

柳橙汁 30 C.C.、蜂蜜 15 C.C.、

醬油膏 30 C.C.、糖 5 克、蛋黃 1 個、味醂 5 C.C.、

檸檬汁 20 C.C.、鹽少許、白胡椒粉適量

製 作醃醬：將所有材料混合拌勻即可。

將 豬小排放入醃醬中醃約 20 分鐘。烤箱預熱 5 分鐘，將豬小排放入烤箱以 180 ℃烤約 20 分鐘至熟和上色即可。

Spanish Tapas

香燉蛤蜊豬肉
pork and clam stew

材料：
大蒜 5 個、月桂葉 1 片、匈牙利紅椒粉 20 克、
豬里肌肉 160 克、米酒 30 C.C.、牛番茄 2 個、
高湯 200 C.C.、蛤蜊 10 個、橄欖油 30 C.C.、
鹽少許、白胡椒粉適量

豬里肌肉切成丁狀，用鹽、白胡椒粉、匈牙利紅椒粉和米酒醃約 10 分鐘。
大蒜去皮；牛番茄切成塊狀；蛤蜊洗淨、瀝乾備用。

起一鍋，用橄欖油炒香大蒜，再放入醃好的豬里肌肉煎至上色。之後加
入高湯、番茄塊和月桂葉，煮約 10 分鐘後，再放入蛤蜊煮至殼開即可。

鳳梨碎肉小品

pineapple on pork and lemon juice

材料：

豬絞肉 160 克、大蒜 10 克、洋蔥 20 克、紅辣椒 10 克、香菜 10 克、
魚露 20 C.C.、檸檬汁 20 C.C.、酸子 20 克 .、水 50 C.C.、糖 5 克、
花生 15 克、鳳梨小片 12 片、橄欖油 20 C.C.、薄荷葉少許

製 作酸子汁：將酸子 20 克加水 50 C.C. 調勻即成酸子汁，取 10 C.C. 備用。

大 蒜、洋蔥、紅辣椒和香菜分別切末；花生切碎備用。

起 一鍋，用橄欖油將豬絞肉炒至上色，之後放入蒜末、洋蔥末和紅辣椒末（留一些裝飾用）炒香，再加入酸子汁、魚露和糖，繼續拌炒至水份收乾。最後再加入檸檬汁、香菜末和花生碎炒勻。

將 鳳梨片鋪在盤子上，放上炒好的豬肉，裝飾以薄荷葉和紅辣椒碎即可。

香茅烤肉

B.B.Q pork and lemon grass

材料：
豬梅花肉 180 克、小番茄 6 個、紅蘿蔔 20 克、小黃瓜 50 克

醃汁材料：
魚露 30 C.C.、椰糖 15 克、香茅 1 支、
水 15 C.C.、檸檬汁 10 C.C.、白醋 20 C.C.

香 茅切碎；紅蘿蔔去皮切絲；小黃瓜切片；小番茄切半備用。

將 醃汁材料混合拌勻，放入豬梅花肉醃約 20 分鐘。

烤 箱預熱 5 分鐘。將醃好的豬梅花放入烤箱以 180 ℃烤約 20 分鐘。烤好的豬肉切片，放上小黃瓜片、小番茄和紅蘿蔔絲即可。

臘腸沙拉

sousage salad

材料：

香腸 (臘腸)3 條、小黃瓜 1 條、洋蔥 30 克、魚露 30 C.C.、
檸檬汁 20 C.C.、糖 5 克、紅辣椒 15 克、薑絲 10 克、
香菜 10 克

香腸蒸熟，放涼後切片備用。小黃瓜切片；洋蔥切絲；紅辣椒切片備用。

將所有食材全部混合拌勻即可。

Spanish Tapas

香炸爆爆肉
deep-fried pork belly

材料：
豬五花肉 160 克、大蒜 3 個、月桂葉 2 片、鹽 30 克、水 250 C.C.、
沙拉油 300 C.C.

豬五花肉切大丁備用。起一鍋，加入水、大蒜、月桂葉和鹽煮滾後，
放入切好的豬五花肉，煮至肉熟透後撈起放涼備用。

起一鍋，放入沙拉油加熱，再放入煮熟的豬五花肉以中火炸約 10 分
鐘至表面酥脆上色，最後轉大火將油逼出即可起鍋。

炸豬肉球 （7 個）

fried pork meatballs

材料：

豬絞肉 160 克、魚露 30 C.C.、大蒜 20 克、香菜 10 克、
水 20 C.C.、沙拉油 300 C.C.

豬 絞肉用刀子剁細；大蒜和香菜切末備用。

準 備一個大碗，放入豬絞肉、蒜末、香菜末、魚露和水拌勻，再用手甩
打一下再捏成球狀。

烤 箱預熱 5 分鐘。起一鍋，放入沙拉油加熱，再放入捏好肉球以中火炸
至上色。最後放入烤箱以 200 ℃烤約 10 分鐘即可。

紅咖哩蘆筍雞肉串 (8份)

asparagus chicken skewers and red curry

材料：

雞胸肉 120 克、洋蔥 20 克、紅辣椒 10 克、香菜 5 克、
蘆筍 8 支、蛋白 1 個、紅咖哩 20 克、小茴香粉 3 克、
魚露 30 C.C.、糖 5 克

雞 胸肉切成泥；洋蔥、紅辣椒、香菜切碎備用。

將 切好的雞胸肉泥和洋蔥碎、紅辣椒碎和香菜碎放入一個大碗中，加入
蛋白、紅咖哩、小茴香粉、魚露和糖拌勻成雞肉料。

拌 好的雞肉料均勻塗在蘆筍上。烤箱預熱 5 分鐘，將蘆筍雞肉放入烤箱
以 180 ℃烤約 20 分鐘至熟即可。

炸餃子 (15 個)

deep fried dumpling

材料：

蝦仁 100 克、豬絞肉 60 克、白菜 80 克、米酒 20 C.C.、
麻油 15 C.C.、醬油 20 C.C.、雞蛋 1 個、檸檬汁 10 C.C.、
青蔥 30 克、水餃皮 15 片、水 20 C.C.、沙拉油 300 C.C.、
鹽少許、白胡椒粉適量

蝦仁搗成泥；青蔥切碎；白菜洗淨、切絲，再用少許鹽抓一下，將水份瀝乾備用。

豬絞肉、蝦泥、白菜絲、米酒、青蔥碎、雞蛋、醬油、麻油、檸檬汁、鹽和白胡椒粉拌勻成內餡。

將內餡包在水餃皮裡，用水封口。起一鍋，放入沙拉油加熱，再放入水餃，以中火炸約 10 分鐘至熟，再轉大火炸至餃子上色即可。

煎藕餅

pork cake with lotus root

材料：
蓮藕 120 克、豬絞肉 60 克、蝦仁 50 克、紅蘿蔔 15 克、
中芹 15 克、香菇 20 克、香菜 10 克、太白粉 30 克、
鹽少許、白胡椒粉適量、沙拉油 30 C.C.

蓮 藕去皮、切片備用。蝦仁、紅蘿蔔、中芹、香菇、香菜切末備用。

豬 絞肉和切末的材料混合，再加入鹽、白胡椒粉和太白粉拌勻成餡料。

取 一片蓮藕片，抹上拌好的豬絞肉餡，上面再蓋上一片蓮藕片，即成蓮藕餅。

平 底鍋放入沙拉油，先將做好的蓮藕餅煎至雙面上色，放入烤箱以 160℃烤約 10 分鐘至熟即可。

酥炸雲吞（16個）
deep fried wonton

材料：

雲吞皮 16 片、豬絞肉 60 克、蝦仁 60 克、雞蛋 1/2 個、
干蔥 10 克、青蔥 20 克、太白粉 20 克、麻油 10 C.C.、
鹽少許、白胡椒粉適量、沙拉油 300 C.C.、水少許

蝦仁、干蔥和青蔥切末，放入一個大碗內，再放入豬絞肉混合拌勻，之
後加入太白粉、鹽、白胡椒粉和麻油拌勻成餡料。

取一張雲吞皮，將適量餡料包入雲吞皮裡，雲吞皮周圍抹上少許水，之
後折起成為雲吞。

起一鍋，加入沙拉油加熱，放入包好的雲吞以中火炸約 10 分鐘至熟及
上色即可。

Spanish Tapas

蝦茸豆腐球（10 個）

deep fried shrimp and beancurd balls

材料：

油泡豆腐 10 個、板豆腐 30 克、蝦仁 60 克、紅蘿蔔 20 克、
中芹 10 克、青蔥 15 克、太白粉 30 克、香油 15 C.C.、
鹽少許、白胡椒粉少許、沙拉油 300 C.C.

蝦 仁和板豆腐搗成泥備用。紅蘿蔔去皮切末；中芹和青蔥切末備用。

蝦 仁泥、板豆腐泥和紅蘿蔔末、中芹末和青蔥末混合，再加入鹽、白胡椒粉、香油和太白粉混合拌勻成內餡。

將 油泡豆腐用刀切開，但不切斷，之後反折，再將做好的內餡鑲入油泡豆腐中。

起 一鍋，加入沙拉油加熱，放入豆腐球以中火炸約 10 分鐘至外表呈現金黃色熟透即可。

輕食 與 開胃小品

作　　　者	林勃攸	總 代 理	三友圖書有限公司
攝　　　影	蕭維剛	地　　　址	106台北市安和路2段213號4樓
烹飪協力	林建瑋、林永玉	電　　　話	(02) 2377-4155
編　　　輯	陳霓瑩	傳　　　真	(02) 2377-4355
美術設計	王欽民	E — mail	service@sanyau.com.tw
封面設計	劉錦堂	郵政劃撥	05844889 三友圖書有限公司

發 行 人	程安琪	總 經 銷	大和書報圖書股份有限公司
總 策 劃	程顯灝	地　　　址	新北市新莊區五工五路2號
總 編 輯	呂增娣	電　　　話	(02) 8990-2588
主　　　編	徐詩淵	傳　　　真	(02) 2299-7900
編　　　輯	吳雅芳、簡語謙		
美術主編	劉錦堂	製　　　版	統領電子分色有限公司
美術編輯	吳靖玟、劉庭安	印　　　刷	鴻海科技印刷股份有限公司
行銷總監	呂增慧		
資深行銷	吳孟蓉	初　　　版	2020年 4月
行銷企劃	羅詠馨	定　　　價	新台幣350元
		I S B N	978-986-364-160-5 （平裝）
發 行 部	侯莉莉		
財 務 部	許麗娟、陳美齡		
印 務	許丁財		
出 版 者	橘子文化事業有限公司		

國家圖書館出版品預行編目(CIP)資料

輕食與開胃小品 / 林勃攸著. -- 初版. --
臺北市：橘子文化, 2020.04
　面；　公分
ISBN 978-986-364-160-5(平裝)

1.食譜 2.西班牙
427.12　　　　　　　　　　　109003847

好書推薦——

20種抹醬創造出來的美味三明治

作者：陳鏡謙；攝影：楊志雄

定價：395元

50種三明治的食譜及基本作法，並推薦20
款適合搭配三明治的醬料與作法，非常適合
廚藝初學者，可以輕鬆做出自己喜歡的漢堡
三明治。

健康氣炸鍋的星級料理

作者：陳秉文；攝影：楊志雄

定價：300元

歐、美、中、日、泰式料理，從前菜到甜
點，一鍋搞定。還可以讓你下班後不再需要
耗費過多時間煮飯，輕輕一按，健康美味料
理就能上桌。

自己做天然果乾：用烤箱、氣炸鍋
輕鬆做59種健康蔬果乾

作者：龍東姬；譯者：李靜宜；

定價：350元

健康零食DIY！酸甜果乾、薄餅等鹹食脆
片，只要運用烤箱、氣炸鍋，就能在家輕鬆
做出零負擔的美味蔬果乾！

精緻的冷盤與美味的熱食，
讓開胃輕食充滿想像力……

73道外觀精緻、作法超簡單食譜，
讓餐桌充滿異國風情。

建議上架分類：飲食／食譜／西式料理

9 789863 641605

定價：350 元